超有趣的云科学

②这是什么云

[日] 荒木健太郎◎著

宋乔 杨秀艳◎译

U0279873

中国纺织出版社有限公司

测一测你的
爱云技术等级

0 级
看见过云

1 级
曾经有过腾云驾雾的想法

2 级
拍过云的照片，并在社交网络上分享

3 级
知道三种以上云的名称

4 级
拥有这套《超有趣的云科学》

5 级
能够利用雷达图知道何时下雨，从而不被雨淋

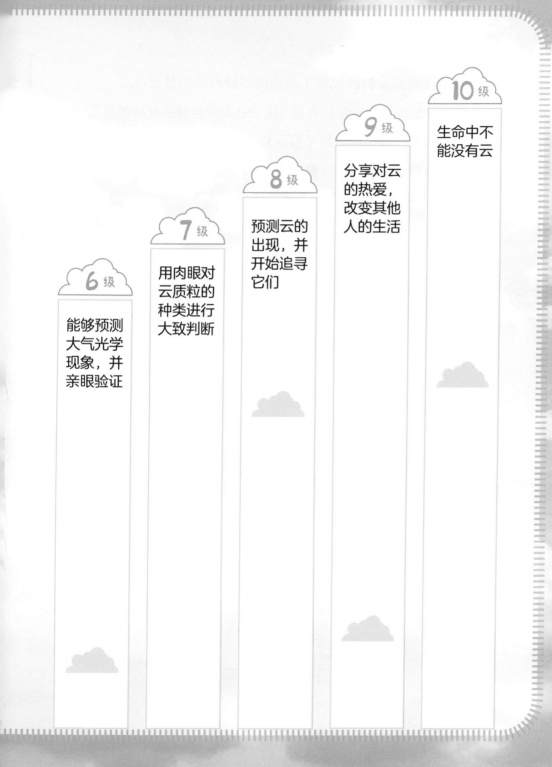

6级

能够预测大气光学现象，并亲眼验证

7级

用肉眼对云质粒的种类进行大致判断

8级

预测云的出现，并开始追寻它们

9级

分享对云的热爱，改变其他人的生活

10级

生命中不能没有云

前言

　　曾经听到有人说"小时候经常仰望天空，现在都不留意看了"，可能很多人都有这样的感慨吧。大家还记得盛夏的感觉吗？蔚蓝的天空飘浮着大团大团的云朵，这一壮观景象让人真切地感受到夏天的热情。大家想必也见过，猛烈雷雨过后出现的让人心醉的美丽彩虹吧。

　　如果我们抬头仰望，几乎每天都能看到云朵，云作为大自然的一部分，一直都在我们身边。或许，很多朋友在竞争激烈的社会中拼搏，学生们忙于学业，成年人忙于工作，大家很少有机会再去仰望天空。我创作《超有趣的云科学》这套书的目的就是给这些朋友提供一个机会，让大家尽情享受仰望天空的乐趣。此外，对于那些平时留意观看天空、喜欢在社交网络上发布云和天空照片的朋友，我还会分享一些技巧，让大家能够遇到自己喜欢的云朵，享受更多观云乐趣。

刚开始我以"爱云的技术"为题目做讲座的时候，参加讲座的气象"发烧友"提问道："爱云还有技术吗？"是的，爱云也是有技术的。当然，即便没有这种"爱云的技术"，也可以很好地享受观云的乐趣。你可以尽情地想象乘坐"筋斗云"在天空遨游，可以惊叹于停留在山顶附近的长得像不明飞行物的奇怪云彩，你还可以和三两好友谈笑风生，望着云朵露出开心的笑容。然而，你要是学会了爱云的技术，你对云的爱会变得更加深沉。

　　现在我是一名专门研究云的"云彩研究者"，但是我之前并没有非常喜欢云。在写前一本书《云中发生了什么事》的时候，我第一次思考应如何描述云朵的"内心"，才算真正开始认识云。从那时起，云不再是单纯的研究对象，它们变得栩栩如生，开始跟我聊天，而我的世界也从此大不相同。我领悟到，只要主动去了解云，倾听云的声音并解读它的内心，我们就可以和云进行沟通，并爱上云。可以说，"越是相知，越是相爱"。我写这套书就是想和爱云爱得无法自拔的广大云友们分享，加深大家对云的喜爱，并把这种喜爱传播开来。

　　这套《超有趣的云科学》共分为 5 册，向所有爱云的小朋友和大朋友讲述关于云朵你需要知道的那些事。

在《超有趣的云科学 ①云从哪里来》里，你能学到和云相关的基本知识，初步认识怎样的大气条件下能产生云。

在《超有趣的云科学 ②这是什么云》里，你能学到世界各国气象机构统一使用的云朵名字和分类方法。这样，你就能认识遇到的云朵小朋友的名字了。

在《超有趣的云科学 ③天空大揭秘》里，你能看到更多美丽的云和天空现象，例如彩虹、宝光、月晕、曙暮光条等，还能学习它们背后的科学原理。

在《超有趣的云科学 ④云的超能力》里，你能认识云朵的更多用途。有的云能带来灾难，有的云能帮你躲避危险。

在《超有趣的云科学 ⑤云朵好好玩》里，你能学到各种各样的科学实验和游戏，供你和云朵小朋友一起玩耍，加深你们之间的友谊。

这套书大部分的内容讲解都配有照片和图解，所以你拿到书之后可以大致翻翻，从感兴趣的部分开始阅读。当你读着读着，觉得有些晦涩难懂的时候，不妨先去看看第5册放松一下。

如果通过本书，大家能够更好地和云相处，例如能更加了解云，能看到美丽的云和天空，能和带来恶劣天气的云保持适当的距离，那么我就心满意足了。

我把爱云技术水平分为从 0 到 10 的不同等级（读到这里的朋友，恭喜你，你已经达到 4 级水平了），尽管这个分级标准有一定的主观性，但还是建议大家在阅读正文之前先测试一下自己的等级，等到看完这套书、和云打过一段时间的交道之后，再来检查一下，看看水平提高了多少。

　　我还收集了映衬在蓝天下的白云（第 1 册卷尾）、色彩缤纷的虹彩云以及红彤彤的火烧云（第 5 册卷尾），也请大家欣赏一下这些能带来好心情的云朵。

　　我梦想着世间能够充满对云的热爱——有趣的云和天空可以让街上的行人停下脚步，让小朋友奔向不一样的大自然，云友们可以尽情抒发自己对云的喜爱。为此，我诚挚地希望借助此书，给云友们送上一个充实的爱云生活。

荒木健太郎

登场角色

某云彩研究者爱云爱得太痴迷，逐渐结识了一群"云友"。为了让大家更加喜欢云，这些云友们将现身说法，帮助他讲解云朵的知识。

空气块君

空气的团块，本书的中心人物。天真淳朴，身体大小会随着温度的变化而改变。喜欢水蒸气，喝了太多的水后，身体内的水会溢出来形成云

云朵

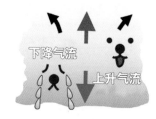

由大量的水滴和冰晶构成的组织，有很多种类。云朵是天真淳朴的老实孩子，它会通过伸展身体，告诉我们天空的情况和将要发生的天气剧变

水蒸气

气态的水，它的存在对云来说必不可少，颜色会随温度而变化

云滴

液态的水，形成云的成员之一

冰晶

固态的水，和水滴不太一样，外形多种多样

雪晶们

根据云的状态而改变自身的样子，是传达天空心情的信使

带有云滴的晶体

雪片

xiàn
霰

báo
雹

雨滴

在天空中不断相遇、离别，最后落下来的雨点

潜热

伴随着水的变身而吸收或者放出的能量

气溶胶颗粒

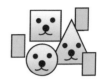

大气中漂浮的微粒，种类多，谜团也多，可以左右云的一生

太阳

明亮的光

暖空气

热而轻，迅速顺势而上

冷空气

冷而沉，擅长托举抬升

可见光战队·彩虹游骑兵

槽

台风

龙卷风制造机

温带气旋

观测者

相扑手

目录

1 认识十云属：云朵分类的基础知识

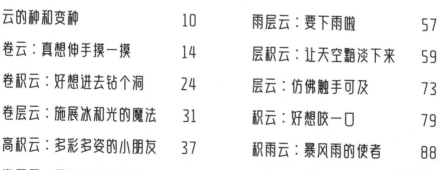

2 认识云种和变种：一天一朵云图鉴

3 认识特殊云：特殊原因产生的云

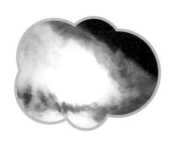

4 认识高层云：高层大气中神秘的云

1

认识十云属：
云朵分类的基础知识

什么是十云属

　　我们仰望天空，会遇到各种各样的云。和别人交流的时候，如果你知道对方的名字，就会觉得此人更加亲近。同样地，如果我们知道云的名字，和云的沟通也会变得更加顺畅。要是大家能把云朵当成可爱的小朋友，对云的喜爱程度会迅速加深吧。因此，在这里，我先给大家介绍一下云的分类和名称。

　　云的十个基本的属（所属类型）被称为十云属，这是一种常用的对云进行分类的方法，它根据云的形态、高度、形成过程等将云分成十种类型。

　　世界气象组织在 1956 年发布的《国际云图》（*International Cloud Atlas*）中对十云属进行了定义，现在，十云属仍然在世界各国的气象机构中使用。

　　十云属分为卷云、卷积云、卷层云、高积云、高层云、雨层云、层积云、层云、积云和积雨云十种类型，并用拉丁文名称的字母缩写来表示，比如 Ci 表示卷云、Cb 表示积雨云等（表1，图1）。

　　云可以根据高度分为高云族、中云族和低云族，也可以根据云质粒的相态分成水云、冰水混合云和冰云。

表 1　十云属的名称、缩写、符号以及这些云在日本及周边地区的特征

	名称	缩写	符号	别名	高度	云滴相态
高云族	卷云	Ci	⌐→	条云、羽毛云、白胡子云	5—13 千米	冰
	卷积云	Cc	⌐	鱼鳞云、沙丁鱼云、鲐鱼云		冰／冰水混合
	卷层云	Cs	2	薄云		冰
中云族	高积云	Ac	⌣	绵羊云、丛云、花斑云	2—7 千米	冰水混合／水
	高层云	As	∠	朦胧云		
	雨层云	Ns	⧄	雨云、雪云	云底一般在低层，云顶在 6 千米左右	
低云族	层积云	Sc	⊶	脊云、阴天云	2 千米以下	
	层云	St	– –	雾云	地面附近—2 千米	
	积云	Cu	⌒	棉花云、浓积云、入道云	地面附近—2 千米，浓积云更高	
	积雨云	Cb	⊼	雷雨云	云顶有时可达 12 千米以上	冰水混合

3

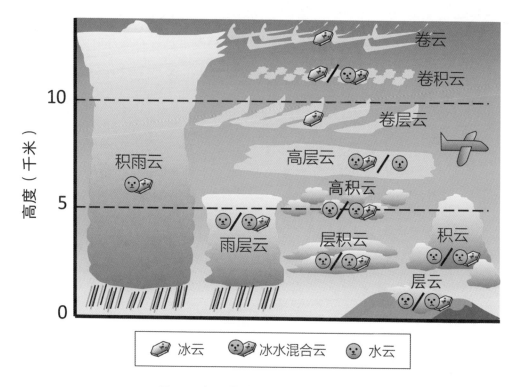

图1 十云属的典型高度和云质粒的相态

大家仔细看一下十云属的名称，就会发现它们之间有共通的地方。例如，卷云（Cirrus）具有条纹或者羽毛一样的形态，层云（Stratus）是覆盖了一大片天空的、层状的云，积云（Cumulus）是叠加堆积的块状云。云也不是相互独立的，积云状的云是上升气流比较强的云，能在中高空由过冷却云滴形成水云、冰水混合云。因为积云状的云是在不稳定大气中形成的，所以又称为**对流云**。积云状的云喜欢向上发展，而另外一类云喜欢向水平方向扩展，这种喜欢向水平方向扩展的云叫作**层状云**。

如何区分各种云

　　现在用十云属的方法对天上飘浮的云朵进行分类吧（图2）。图2中提出了10个问题，我们依次来看看吧。

　　首先，我们来判断是积雨云还是积云。

　　先回答①："是否有电闪雷鸣？"如果你能看到闪电、听到雷鸣，那就是积雨云。如果既没有闪电也没有雷鸣，看到的是②中描述的那种浓烟般的蓬松大团云朵或圆顶形状的云朵，且出现③中所说的那种特征，即云顶上的一些区域呈现羽毛状，那就是积雨云；如果不是羽毛状的，那就是积云。

　　如果没看到②中描述的特征，而是像④中所述的那样，看到一大片滚动的云，里面分不清楚单个云朵，且全都是一样的连续的层状云，那么再看问题⑤，如果此时能清楚地看到太阳或者月亮，那就是卷层云；如果看不清太阳和月亮，且像⑥说的那样，只看到灰色至深灰色的、如薄片一样的层状的云，那就是高层云；如果看不清太阳和月亮，且像⑦说的那样，云显得更浓密更庞大，云的底部向低层扩展并带来降水，那就是雨层云，否则的话就是层云。

如果没看到②中描述的特征，也没看到④中所述的特征，而是看到⑧中所说的又白又小、成束的纤维状的云，那就是卷云。如果没看到卷云，那么伸出手臂，将手指朝向天空，若像⑨中说的那样，云朵的大小比一根食指的宽度小，那就是卷积云；如果像⑩那样，云朵是圆形的，单个的大小有1—3根手指宽，那就是高积云；如果云朵看起来更大，比你的拳头都大的话，那就是层积云。

对于像卷积云、高积云、层积云这样高度不同的积云状的云，可以根据看到的单个云朵的大小来判断其种类，也就是说用视角大小来判断。要想有效判断云的视角大小，首先要选择离地平线30度以上的云，伸出一只手，朝向天空，这时一根手指的宽度大概相当于1度的视角。这种判断视角的方法，不仅可用于云朵，还可用于彩虹等大气光学现象（见第3册）。要是你在大街上看到有人把手伸向天空，望着天空和云朵，就基本可以确定那是一位云朵发烧友啦。

看到这里，你就能通过前面讲的流程分辨云的十个基本的属了，不过，通常情况下，天空中不同高度上会有各种各样的云。仰望天空看看都有哪些种类的云，试着数一数，也是很有趣的，我稍后还会介绍更多种类的云。

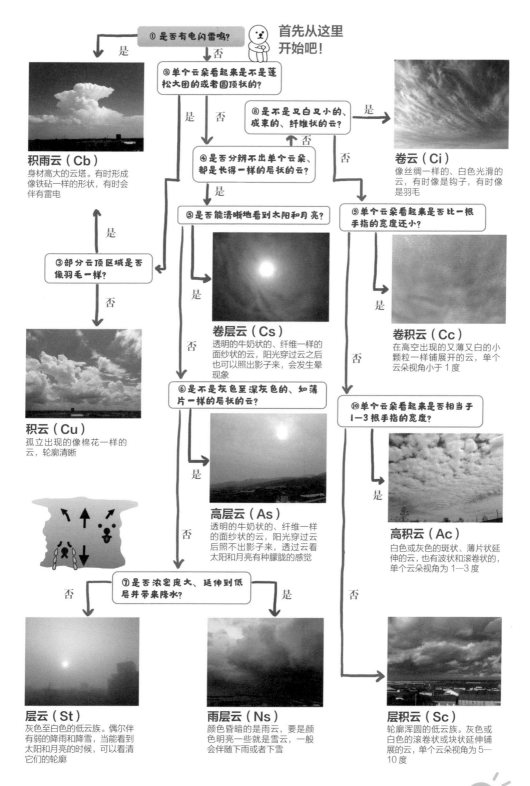

①是否有电闪雷鸣？

首先从这里开始吧！

②单个云朵看起来是不是蓬松大团的或者圆顶状的？

是

积雨云（Cb）
身材高大的云塔。有时形成像铁砧一样的形状，有时会伴有雷电

⑧是不是又白又小的、成束的、纤维状的云？

是

卷云（Ci）
像丝绸一样的、白色光滑的云，有时像是钩子，有时像是羽毛

④是否分辨不出单个云朵、都是长得一样的层状的云？

否

⑤是否能清晰地看到太阳和月亮？

否

⑨单个云朵看起来是否比一根手指的宽度还小？

是

③部分云顶区域是否像羽毛一样？

是

否

积云（Cu）
孤立出现的像棉花一样的云，轮廓清晰

卷层云（Cs）
透明的牛奶状的、纤维一样的面纱状的云，阳光穿过云之后也可以照出影子来，会发生晕现象

卷积云（Cc）
在高空出现的又薄又白的小颗粒一样铺展开的云，单个云朵视角小于1度

⑥是不是灰色至深灰色的、如薄片一样的层状的云？

是

⑩单个云朵看起来是否相当于1—3根手指的宽度？

是

高层云（As）
透明的牛奶状的、纤维一样的面纱状的云，阳光穿过云后照不出影子来，透过云看太阳和月亮有种朦胧的感觉

高积云（Ac）
白色或灰色的斑状、薄片状延伸的云，也有波状和滚卷状的，单个云朵视角为1—3度

⑦是否浓密庞大、延伸到低层并带来降水？

否

是

层云（St）
灰色至白色的低云族。偶尔伴有弱的降雨和降雪，当能看到太阳和月亮的时候，可以看清它们的轮廓

雨层云（Ns）
颜色昏暗的是雨云，要是颜色明亮一些就是雪云，一般会伴随下雨或者下雪

层积云（Sc）
轮廓浑圆的低云族。灰色或白色的滚卷状或块状延伸铺展的云，单个云朵视角为5—10度

☁ **图2 十云属的识别方法**

2

认识云种和变种：
一天一朵云图鉴

云的种和变种

　　世界上找不到两朵完全一样的云，正如找不到两个完全一样的人。云朵在大气的流动中不断变化着身姿，所以我们和某朵云的相遇确实是"一期一会"。

　　虽然我们把各种云大致分为十种类型，但是光看积云，就有平坦扁平和蓬松大团等不同的样子。因此，我们像动植物分类那样，在十云属的基础上进一步细化分类，给云也划分了种（Species）和变种（Varieties）（表2）。该表格按照最新版的《国际云图》（2017年版）和美国气象学会术语集，对云的分类进行了介绍。

　　首先，根据云的形态和内部结构不同，可以分成不同的云种。云种包括毛状、钩状、密、堡状、絮状、成层状、薄幕状、荚状、碎、淡、中、浓、滚卷状、秃、鬃共15个种类。根据云朵的排列和透明度，还可以将云分为乱、脊状、波状、辐辏状、网状、复、透光、漏光、蔽光共9个变种。把云种和变种与十云属进行组合，就有了毛卷云（Cirrus fibratus：Ci fib）、乱卷云（Cirrus intortus：Ci in）这样的名称表示法（云种用前三个字母缩写，变种用前两个字母缩写）。

云可以独自产生，也可以由别的云——也就是母云（Mother clouds）孕育而来。母云中的一部分会成长变化，形成其他的云，这种叫作衍生云（Genitus）；而随着云内部的变化，母云的全部或者大部分会从十云属中的一种类型变成另一种类型，这叫作转化云（Mutatus）。比如说，从母云高积云衍生出来的卷云，叫作高积云性卷云（Cirrus altocumulogenitus）；从母云卷积云转化而成的卷云，叫作卷积云性卷云（Cirrus cirrocumulomutatus）。

综上所述，我们把云按照外观、特点和形成过程分成了很多类别。下面让我们一边欣赏云朵的照片，一边感受它们孩童般的可爱和无与伦比的魅力吧。

表2 云分类一览

基本类型		云种	变种	副变种	母云和特殊云	
					衍生云	转化云
高云族	卷云	毛卷云 钩卷云 密卷云 堡状卷云 絮状卷云	乱卷云 辐辏状卷云 脊状卷云 复卷云	悬球云 波涛云	卷积云 高积云 积雨云 人为云	卷积云 人为云
	卷积云	成层状卷积云 荚状卷积云 堡状卷积云 絮状卷积云	波状卷积云 网状卷积云	幡状云 悬球云 云洞	卷云 卷层云	卷云 卷积云 高层云 人为云
	卷层云	毛卷层云 薄幕卷层云	复卷层云 波状卷层云	—	卷积云 积雨云	卷云 卷积云 高层云 人为云
中云族	高积云	成层状高积云 荚状高积云 堡状高积云 絮状高积云 滚卷状高积云	透光高积云 漏光高积云 蔽光高积云 复高积云 波状高积云 辐辏状高积云 网状高积云	幡状云 悬球云 云洞 波涛云 糙面云	积云 积雨云	卷积云 高层云 雨层云 层积云
	高层云	—	透光高层云 蔽光高层云 复高层云 波状高层云 辐辏状高层云	幡状云 降水线迹云 破片云 悬球云	高积云 积雨云	卷层云 雨层云
	雨层云	—	—	降水线迹云 幡状云 破片云	积云 积雨云	高积云 高层云 层积云

12

基本类型		云种	变种	副变种	母云和特殊云	
					衍生云	转化云
低云族	层积云	成层状层积云 荚状层积云 堡状层积云 絮状层积云 滚卷状层积云	透光层积云 漏光层积云 蔽光层积云 复层积云 波状层积云 辐辏状层积云 网状层积云	幡状云 悬球云 降水线迹云 波涛云 糙面云 云洞	高层云 雨层云 积云 积雨云	高积云 雨层云 层云
	层云	薄幕层云 碎层云	蔽光层云 透光层云 波状层云	降水线迹云 波涛云	雨层云 积云 积雨云 人为云 森林云 瀑成云	层积云
	积云	淡积云 中积云 浓积云 碎积云	辐辏状积云	幡状云 降水线迹云 幞状云 缟状云 弧状云 破片云 波涛云 管状云	高积云 层积云 火成云 人为云 瀑成云	层积云 层云
	积雨云	秃积雨云 鬃积雨云	—	降水线迹云 幡状云 破片云 砧状云 悬球云 幞状云 缟状云 弧状云 墙云 尾云 海狸尾 管状云	高积云 高层云 雨层云 层积云 积云 火成云 人为云	积云

根据世界气象组织 2017 年版《国际云图》改编

13

卷云：真想伸手摸一摸

卷云（Cirrus，Ci）是伴随着高空的强风而形成的白色高云族云，它的形状像是用笔刷画出来的纤维状、羽毛状和细线状。卷云还有条云、羽毛云、白胡子云等别名。

卷云是完全由冰晶形成的冰云，由于局部风切变和云质粒的大小（粒径）的变化，卷云的尖端时而倾斜着延伸，时而不规则地弯曲。卷云有时会由卷积云和高积云衍生而来，有时会在积雨云上部形成。当不均匀的卷积云中薄的部分分散开时，可能会转化为卷云。卷云有5个云种和4个变种。下面我们按顺序看一下。

下文中名称前面有●的是云种，有★的是变种。

●毛卷云：Cirrus fibratus（Ci fib）

毛卷云是几乎完全伸展开了的、有些不规则弯曲的纤维状白色卷云（图3）。这位云朵小朋友通常是细长型的，没有形成钩状、絮状等形态。形成毛卷云的单个云朵，大多相互独立，是个机智潇洒的小朋友。

图3　毛卷云 2017 年 1 月 28 日摄于日本茨城县筑波市

图4 钩卷云

2013 年 9 月 17 日摄于日本茨城县筑波市

●钩卷云：Cirrus uncinus（Ci unc）

钩卷云是上端呈钩状的卷云，这种云通常没有灰色的部分，外形长得像逗号（图4）。在图中这样的日落时分，可以看到钩卷云被染成超级美的火焰色，好像漂亮的金鱼在天空中游泳。

图 5　密卷云

2016 年 8 月 2 日摄于日本茨城县筑波市

●密卷云：Cirrus spissatus（Ci spi）

密卷云是在天空中展开呈团块状、阳光透过后呈灰色的浓密卷云（图 5）。当密卷云遮住太阳时，有时候太阳的轮廓会变得模糊，有时候太阳会被挡住看不见。这位云朵小朋友喜欢在温暖的时节出现（4 月到 9 月），有时会在孤立的积雨云上部产生（第 4 册第 3 章）。天气炎热时看到这种冰云，就会想要冲进去，在里面打个滚儿。

图 6　堡状卷云

2017 年 9 月 15 日摄于日本茨城县筑波市

●堡状卷云：Cirrus castellanus（Ci cas）

　　堡状卷云是有着小的圆形纤维状隆起的、浓密的卷云（图 6），因为这些隆起长得有点像城堡、堡垒，所以叫**堡状**。这位云朵小朋友所拥有的一个个城堡，意味着那里有对流存在，我们可以解读出，在延伸的卷云底部，大气是不平静的。位于地平线 30 度以上的天空中的堡状卷云，单个堡状结构的视角大小可以大于 1 度，也可以小于 1 度，堡状卷云和堡状卷积云的区别在于，堡状卷积云的视角大小被限定在 1 度以下。堡状卷云长得非常萌，是个让人想摸摸头的云朵小朋友。

图7　絮状卷云

2016 年 7 月 28 日摄于日本茨城县筑波市

● 絮状卷云：Cirrus floccus（Ci flo）

絮状卷云是带有小团结构的、棉絮一样的卷云，它的各个云朵通常是独立的，经常伴有尾巴一样的结构（图 7）。在高于地平线 30 度的天空中，这位云朵小朋友的单个絮状结构，视角可以大于 1 度，也可以小于 1 度。

云朵小知识

云的名字常常是形象化的，而人类的想象力十分丰富，因此同一种云在不同语言中会有不同的名字，比如絮状卷云在日语里称为房状卷云，意思是它长得像房子一样。

★乱卷云：Cirrus intortus（Ci in）

卷云中的各个纤维状云朵不规则地弯曲着，这种卷云叫作乱卷云（图8）。当高空中风向混乱时，乱卷云小朋友就会出现。这是一个能让人感受到不规则之美的可爱孩子。

图8　乱卷云　　张超供图

图9　辐辏状卷云

2017年6月9日摄于日本茨城县筑波市

fú còu
★辐辏状卷云：Cirrus radiatus（Ci ra）

辐辏状卷云是平行并排的卷云，因为透视效果的原因，看起来像是汇聚于地平线上的一点，如果算上相反方向的天空，就是汇聚于两点（图9）。这个云朵小朋友的一部分可能会变成卷积云和卷层云。如果拍摄全景照片，可以欣赏到像风景画一样美丽的天空。

21

图 10　脊状卷云

2013 年 9 月 17 日摄于日本茨城县筑波市

★脊状卷云：Cirrus vertebratus（Ci ve）

脊状卷云是单个云朵长得像脊椎骨、鱼刺一样的卷云（图 10）。高空中湿度较大时，其他类型的卷云中的云质粒不断堆积成长，被风吹得流动起来，就形成了脊状卷云。因为它长得也像鸟的羽毛，所以又被叫作羽翎卷云。

líng

云朵小知识

脊状卷云：这种卷云在日语中叫作肋骨卷云。

★复卷云：Cirrus duplicatus（Ci du）

复卷云是由在略微不同高度上伸展的卷云重叠而成的云，一些重叠的部分可能会粘连在一起。复卷云常常由毛卷云和钩卷云构成，比如图11中的复卷云，可以看到下层是毛卷云、上层是毛卷云和部分絮状卷云。这位云朵小朋友的出现说明高空的风存在垂直风切变。

图11　复卷云

2015年3月4日摄于日本茨城县筑波市

卷积云：好想进去钻个洞

卷积云（Cirrocumulus，Cc）是由颗粒状和波纹状的小块云朵构成的薄薄的白色斑状高云族云。在描写秋天风景的散文诗歌中，卷积云也有鱼鳞云、沙丁鱼云、鲐鱼云等俗称。因为卷积云很薄，所以我们看不到单个云朵的阴影。

组成卷积云的单个云朵有时是粘连在一起的，有时是分开的，有时是整齐排列的。在地平线 30 度以上的空中，卷积云单个云朵的视角大小不到 1 度。伸直手臂，将手朝向空中，如果食指能够遮住单个云朵，那就是卷积云了（图 12）。像薄片一样伸展的卷积云，

图 12　卷积云的识别方法

2015 年 9 月 28 日摄于日本茨城县筑波市

有时会有孔洞，有时会有裂缝。卷积云多为过冷却云滴构成，所以在它出现时，我们经常能观测到光环（如晕、日华）、虹彩云等五彩缤纷的大气现象（第3册）。

卷积云常常由伸展成单层的卷云和卷层云衍生而成，卷积云中的过冷却云滴迅速结冰后会形成飘带一样的幡状云（第4册第2章），我们不论何时在空中瞥见幡状云，都能感受到它那转瞬即逝的美丽。

卷积云有4个云种和2个变种。

● 成层状卷积云：Cirrocumulus stratiformis（Cc str）

成层状卷积云是覆盖了较大范围的单层卷积云（图13）。这位云朵小朋友有时候有孔洞，有时候有裂缝。如果盯着它看，就会想在上面钻个洞。

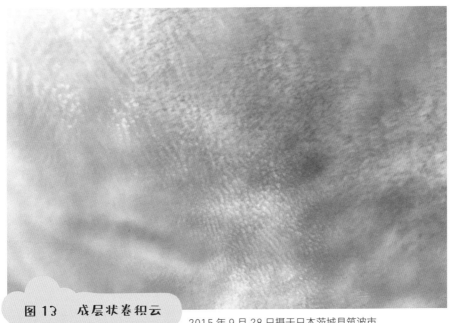

图13　成层状卷积云
2015年9月28日摄于日本茨城县筑波市

●荚状卷积云：Cirrocumulus lenticularis（Cc len）

荚状卷积云通常是长得像凸透镜、杏仁那样的斑块状卷积云（图14）。云朵有时会粘连到一起。荚状卷积云大部分看起来很光滑，整体上是非常白的云。这位云朵小朋友特别容易产生虹彩云，是个喜欢追寻缤纷色彩的孩子。

图14 荚状卷积云

2016年10月27日摄于日本爱知县名古屋市

图 15　堡状卷积云

2014 年 11 月 24 日摄于日本茨城县水海道市

●堡状卷积云：Cirrocumulus castellanus（Cc cas）

堡状卷积云是从某个共同的水平面向上伸出小的堡状结构的卷积云（图 15）。单个堡状结构的视角通常是不到 1 度，从这种云中能看出大气的不稳定性。这种云也让人忍不住想要摸一摸。

●絮状卷积云：Cirrocumulus floccus（Cc flo）

絮状卷积云是单个云朵外形像棉絮的卷积云（图16）。絮状云朵的下部既杂乱又不规则，棉絮结构的视角大小常常不到1度，这个云朵小朋友是堡状卷积云发展的结果，其云底有时候会显得杂乱无章。

图16　絮状卷积云

2017年6月29日摄于日本茨城县筑波市

★波状卷积云：Cirrocumulus undulatus（Cc un）

波状卷积云是呈现出波浪形状的卷积云（图17）。波状卷积云是伴随上层大气的振动（**大气波动**）而形成的，在大气波动的上升气流区域会形成云，在大气波动的下降气流区域云会消散掉，所以就形成有一道道间隔的波状卷积云。波浪起伏的样子很是可爱。

图 17　波状卷积云　2015 年 9 月 28 日摄于日本茨城县筑波市

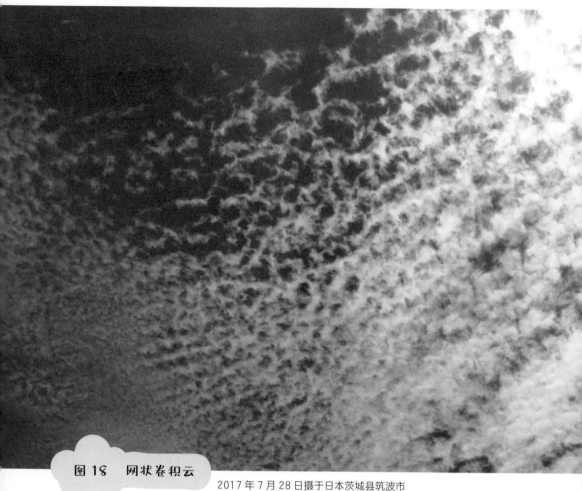

图 18　网状卷积云

2017 年 7 月 28 日摄于日本茨城县筑波市

★网状卷积云：Cirrocumulus lacunosus（Cc la）

网状卷积云是呈斑块状、薄片状、层状延伸，并带有规则圆形孔洞的卷积云（图 18）。单个云朵及其所形成的空腔就像网或者蜂巢一样，所以就有了这个形象的名字。

卷层云：施展冰和光的魔法

卷层云（Cirrostratus，Cs）是覆盖了一大片天空的、面纱一样的云，看上去具有纤维质地的光滑外观。在日语中，卷层云有个别名叫作薄云。

这个云朵小朋友是由冰晶形成的冰云，阳光、月光照在冰晶上常常会形成一些被称为晕的光环现象（第3册第3章）。因为卷层云是非常薄的云，所以在夜间或者有雾的时候基本无法认出它来，可以通过是否伴随晕现象来确认这个小朋友的存在。太阳升得高时（50度以上），因为日照很强，穿透卷层云之后，地上的影子也不会变淡；但是太阳高度低时，阳光不容易透过，影子会变淡，也不容易出现日晕了。

卷层云有时是构成卷云的云朵们粘连在一起转化而成的，有时是在卷积云的基础上衍生而成的，有时是由高层云变薄转化而成，有时也会在积雨云的上部形成。卷层云和高层云看起来有点像，但是高层云不会发生晕现象，高层云比卷层云更厚，高层云属于中云族，所以看起来比高云族的卷层云移动得更快，由此可以区分这两种云。

卷层云的云种和变种各有2个。

●毛卷层云：Cirrostratus fibratus（Cs fib）

毛卷层云是具有纤维质感的面纱状卷层云，可以看到细条纹图案（图 19）。这个云朵小朋友可以由毛卷云和密卷云演化而成，是相当普通的卷层云。

图 19　毛卷层云

2017 年 2 月 14 日摄于日本茨城县筑波市

●薄幕卷层云：Cirrostratus nebulosus（Cs neb）

薄幕卷层云是没有突出特征的、像薄幕和雾一样的面纱状卷层云（图20）。因为这位云朵小朋友的云层很薄，单位体积内的云质粒个数（数密度）少，所以天空显得比较明亮，有时会难以看到这种云。在这种情况下，可以通过有没有晕来判断这种云的存在。

图20 薄幕卷层云 2017年3月23日摄于日本爱知县名古屋市

★复卷层云：Cirrostratus du-plicatus（Cs du）

复卷层云是高度略微不同的两层卷层云重叠而成的。图21是薄幕卷层云和毛卷层云形成的复卷层云。照片右上角可以清楚地看到毛卷层云，而薄幕卷层云很薄，所以难以看出来。然而，在照片左上角卷积云的区域也能看到晕，由此我们知道那里还有一层薄薄的薄幕卷层云。

图21 复卷层云

2016年12月5日摄于日本茨城县筑波市

图22　波状卷层云

2016 年 11 月 25 日摄于日本茨城县筑波市

★ 波状卷层云：Cirrostratus undulatus（Cs un）

波状卷层云是波浪状的卷层云（图 22）。和其他波状云不同的是，波状卷层云小朋友在大气波动所形成的云带间的空隙中也不会消散，如果仔细看的话，会看到那里有面纱一样的薄云。只要特别注意一下图中出现晕的区域，就能发现不论是在卷层云一条一条的区域上（背景是卷积云，前方是波状卷层云），还是在条带之间的空隙上，都能看到晕的光辉。

高积云：多彩多姿的小朋友

高积云（Altocumulus，Ac）是白色、灰色的斑块状、层状的云，属于呈波状和圆团状结构的中云族。如果用绵羊云、丛云、花斑云等别名来称呼它的话，可能会觉得格外亲切吧。

高积云和卷积云比较相似，但是卷积云没有阴影，所以显得白，高积云有阴影，所以云底常常是灰色的。高积云的视角大小通常为1—5度，比卷积云显得更大。这个云朵小朋友几乎全是由过冷却云滴构成的水云，其轮廓清晰可见，还经常出现光环和虹彩云等大气光学现象。

对于后面要讲到的堡状高积云和絮状高积云来说，冰晶的成长有时也会形成条状延伸的幡状云。在此情况下，由于板状冰晶的下落，容易发生幻日、日柱、月柱等由冰粒产生的大气光学现象（第3册第3章、第4章）。要是形成高积云的云质粒全是冰晶，那么单个云朵的轮廓就变得不清晰了。

高积云可以在晴朗的天空中自己产生出来，有时也会由变厚的卷积云转化而来，有时还会由层积云的云层在垂直方向上分离、转化而来。此外，有时高层云和雨层云也会转化为高积云，有时发育的积云和积雨云的一部分在水平方向上扩展也能形成高积云。

高积云经常在不同的高度同时出现，也常常作为其他云属的附属出现。高积云小朋友天真善良，容易受到大气运动的影响，一遇到大气波动、风切变、对流等就会变成波状、滚卷状、网状等形态。

　　高积云有 5 个云种和 7 个变种。

●成层状高积云：Altocumulus stratiformis（Ac str）

　　成层状高积云是单个云朵有时分离有时粘连的、呈薄片状或者层状延伸的高积云（图 23）。这个云朵小朋友经常出现，有着像成群的绵羊那样的可爱外表。

图 23　成层状高积云

2012 年 9 月 7 日摄于日本茨城县筑波市

图 24 荚状高积云

2012 年 12 月 14 日摄于日本长野县车山山顶，下平义明供图

图 25 荚状高积云

2014 年 10 月 26 日摄于日本北海道札幌市，吉田史织供图

● 荚状高积云：Altocumulus lenticularis（Ac len）

荚状高积云通常是形状像凸透镜、杏仁那样的斑状高积云（图 24，图 25）。荚状高积云的轮廓分明，通常很细很长。组成斑块的云朵长得很小，一般会聚集到一起，底部有清晰的阴影。这位云朵小朋友的特点是常常出现虹彩云，是个长得很酷的云。

图 26　堡状高积云

2017 年 8 月 9 日摄于日本茨城县筑波市

● 堡状高积云：Altocumulus castellanus（Ac cas）

堡状高积云是在垂直方向上延伸出像城堡一样的结构的高积云（图 26）。这位云朵小朋友的城堡有时会排成排，从侧面看起来，高低错落地向上延伸。这位小朋友和其他堡状云小伙伴一样，是大气不稳定的可视化表现。堡状高积云的城堡如果迅速长大，可能会变成浓积云和积雨云。

图 27　絮状高积云

2015 年 9 月 20 日摄于日本茨城县筑波市

●絮状高积云：Altocumulus floccus（Ac flo）

絮状高积云是长得像一团团小棉絮那样的高积云（图 27）。絮状云朵的下方通常显得比较杂乱，往往会伴随冰晶形成的幡状云。絮状高积云的絮状部分和幡状云当中的云质粒数密度是不同的，所以会表现为不同的白色，通过这一点可以对其加以区分。此外，冰晶幡状云离开絮状高积云后，会形成卷云。这位云朵小朋友出现在堡状高积云发展和消散的节点上，所以我们可以从中了解大气不稳定性。看到这些云的时候，我就忍不住想去拽拽它们的小尾巴。

●滚卷状高积云：Altocumulus volutus（Ac vol）

滚卷状高积云是单独的、长得像横着的长管子一样的云，是经常绕着水平轴线缓慢滚动的高积云（图28）。这位云朵小朋友通常独来独往。因为这位小朋友相当罕见，所以如果你看到了，赶紧抓拍照片吧。

★透光高积云：Altocumulus translucidus（Ac tr）

透光高积云是斑状、薄片状、层状的高积云，该云大部分比较透明，可以透过这种云看清楚太阳、月亮的位置（图29）。它通常出现在成层状高积云和荚状高积云中，是一种容易被看穿的云。

★漏光高积云：Altocumulus perlucidus（Ac pe）

漏光高积云是一种斑状、薄片状、层状的高积云，该云的单个云朵之间有缝隙，可以通过缝隙看到太阳、月亮、更高的云和蓝天（图30）。这位云朵小朋友通常出现在成层状高积云中。

★蔽光高积云：Altocumulus opacus（Ac op）

蔽光高积云也是一种斑状、薄片状、层状的高积云，不过该云大部分不透明，会将太阳、月亮完全遮蔽住（图31）。这位云朵小朋友的云底是平坦的，各个云朵像是连在了一起。它大体上会在成层状高积云中出现。我有时会想象一下，被这孩子遮住的那部分天空是什么样子的。

图 28　滚卷状高积云

2017 年 8 月 23 日摄于日本茨城县筑波市

图 29　透光高积云

2016 年 11 月 16 日摄于日本茨城县筑波市

图 30　漏光高积云

2015 年 4 月 22 日摄于日本茨城县筑波市

图 31　蔽光高积云

2016 年 1 月 11 日摄于日本茨城县筑波市

★复高积云：Altocumulus duplicatus（Ac du）

复高积云是斑状、薄片状、层状的高积云重叠合成的云（图32）。这位云朵小朋友经常出现在成层状高积云和荚状高积云中。

★波状高积云：Altocumulus undulatus（Ac un）

波状高积云是细长的、平行的、波浪一样的高积云（图33）。这位云朵小朋友跟滚卷状高积云不一样，是多个带状云像波浪那样排列着，中间有明显的空隙。波状高积云长得挺好看，是常见的波状云之一。

★辐辏状高积云：Altocumulus radiatus（Ac ra）

辐辏状高积云是大致笔直且并排平行分布的带状高积云（图34）。因为透视效果的原因，有时看起来好像是汇聚于地平线上的一点。这位云朵小朋友不管走到哪儿，都是一道如画的风景。

★网状高积云：Altocumulus lacunosus（Ac la）

形状像网巢并且呈现薄片状、层状、斑状的高积云叫作网状高积云（图35）。这种云会随时间快速变化，可能一会儿工夫就变了个样子，因此如果你看到了这种云，就抓紧时间拍照吧。

图 32　复高积云

2017 年 7 月 13 日摄于日本茨城县筑波市

图 33 波状高积云

2012 年 10 月 13 日摄于日本千叶县千叶市，木山秀哉供图

图 34　辐辏状高积云

2014 年 10 月 3 日摄于日本茨城县筑波市

图35　网状高积云

2012 年 9 月 27 日摄于日本茨城县筑波市

高层云：天空多了朦胧美

　　高层云（Altostratus，As）是有时带点灰色有时带点蓝色的呈薄片状、层状的云，虽然云的一部分可能是条状纤维状的，但是高层云整体来说是均匀的。这位云朵小朋友出现的时候，通常会覆盖大片的天空，太阳会变得模糊，像是透过毛玻璃看东西那样朦胧。因此高层云又被叫作朦胧云。高层云不会发生晕现象。

　　在温带气旋来临时，高层云会大范围地出现。因为高层云的厚度相当大，所以云质粒也是多种多样的。对于典型的高层云，其上部主要为冰晶，正中间是冰晶、雪晶和过冷却云滴共存，下部主要是由过冷却云滴和云滴构成的。隔着高层云看，太阳和月亮都朦朦胧胧，看不清楚轮廓，这是因为高层云中的云质粒混合得非常均匀。

　　高层云小朋友是一种可以下雨和下雪的降水云，有时会伴随着幡状云和悬球云（第4章）。在高层云内部和云底附近，我们经常可以看到雨和雪的降水粒子，这种情况下云底的轮廓会变得不清楚。高层云可以由卷层云变厚转化而成，也可以由雨层云变薄转化而成。高层云有时也会造成大范围的降水，也可以由高积云衍生而来。高层云小朋友因为比较均匀，看上去没有什么明显的结构特征，所以没有云种的分别，只有5个变种。

★透光高层云：Altostratus translucidus（As tr）

透光高层云是具有足够透明度的高层云，透过云中的大部分区域都可以看出太阳和月亮位置（图36）。古人喜欢透光高层云小朋友，亲切地称其为朦胧云。

图 36　透光高层云

2016 年 3 月 30 日摄于日本茨城县筑波市

★蔽光高层云：Altostratus opacus（As op）

蔽光高层云是相当不透明的高层云，云中的大部分区域会把太阳和月亮完全遮住（图37）。这位云朵小朋友会使天空变得阴沉。看到它们，我就想飞到云中去看看。

图37　蔽光高层云

2016 年 11 月 2 日摄于日本茨城县筑波市

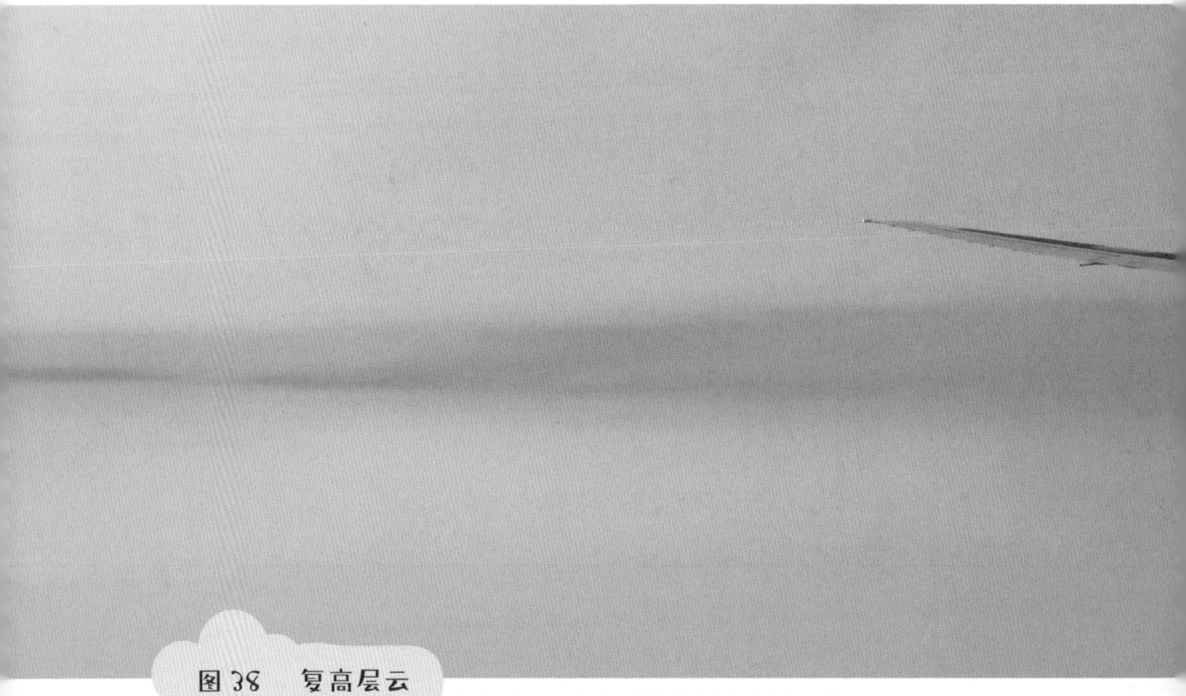

图38　复高层云

2017 年 10 月 29 日摄于日本东北地区上空

★复高层云：Altostratus duplicatus（As du）

复高层云是由高度略有差异的、两层以上的高层云重叠而成的（图 38）。因为高层云本身延伸很广，基本覆盖了整个天空，而且没有什么突出特征，所以复高层云很难被认出来。图 38 是在飞机上拍摄的复高层云，此时飞机正好从复高层云的两层之间穿过。

图 39　波状高层云

2016 年 11 月 2 日摄于日本茨城县筑波市

★ 波状高层云：Altostratus undulatus（As un）

　　虽然有点啰唆，但还是要说一下，波浪一样的高层云叫作波状高层云（图 39）。它的云底呈现为一道一道的特征。这位小朋友天真淳朴，很是惹人爱怜。

55

图 40　辐辏状高层云

2016 年 3 月 23 日摄于日本茨城县筑波市

★辐辏状高层云：Altostratus radiatus（As ra）

辐辏状高层云看起来像是向地平线上一点汇聚的、并列平行的带状纹理高层云（图 40）。这位云朵小朋友比较罕见。

雨层云：要下雨啦

雨层云（Nimbostratus，Ns）是灰色或者暗色的、能带来雨雪的、云底杂乱的云，又叫作雨云、雪云（图41）。这位云朵小朋友一来，我们就完全看不到太阳了。雨层云的特点是伴随有降水，但是不会产生雷电和冰雹。雨层云是由云滴和雨滴、雪晶和雪片构成的，非常浓密和厚实，因此太阳光没法穿透它到达地面，外表看起来就很阴暗了。它的云底一有降水就连成片，没有明显的轮廓了。

雨层云小朋友是由高积云、层积云和高层云变厚转化而成。此外，有时也会由带来降水的积雨云和浓积云衍生而来。因为雨层云下部的气流很杂乱，常常会出现一种叫作破片云的附属云，下文中会对此进行介绍。

雨层云往往容易跟高层云、层云和层积云相混淆，不过高层云比雨层云更明亮，透过它可以看到太阳，我们也可以通过地面上有没有降水来分辨。虽然层云有时候也会导致降水，但是这种降水粒子的尺寸非常小。层积云的云底轮廓清晰，这就可以和雨层云区别开来。

雨层云没有不同的云种和变种，这在十云属中是独一无二的。

图 41　雨层云

2010 年 9 月 16 日摄于日本千叶县铫子市

层积云：让天空黯淡下来

层积云（Stratocumulus，Sc）是带点灰色又有点发白的斑块状、薄片状的云。单个云朵有暗的部分，样子像是马赛克、圆块状、滚卷状等。层积云也被叫作脊云、阴天云，它的各个云朵基本上规则地排列，云朵的视角为 5 度以上。通常不会伴有那种在高积云和卷积云中可以看到的纤维样的幡状云。

层积云小朋友的各个云朵往往排列整齐，看着像是波状云一样。它的各个云朵之间连在一起，云底轮廓看起来光滑又清晰。层积云基本是由水滴组成的，云的厚度不大时也会出现光环和虹彩云等大气光学现象。层积云有时会引起微弱的降水，但是不会产生连绵不断的稳定降水。

层积云常常在晴天时凭空冒出来，有时也会在层云和雨层云的内部受到对流和大气波动的影响后转化而成。此外，层积云有时也会由雨层云和高层云衍生而来，这两种云的云底下方的湿润大气受到湍流和对流的影响，空气混合在一起，变得更加湿润，由此衍生出层积云。积云和积雨云内的上升气流到达平衡高度的稳定层之后，一边缓慢消散，一边向水平方向扩展，也会产生层积云。

层积云有 5 个云种和 7 个变种，是个相当多样化的云朵小朋友。

●成层状层积云：Stratocumulus stratiformis（Sc str）

成层状层积云是单个云朵带有滚动的大圆团特征的层状的层积云（图42）。这位云朵小朋友的云朵通常比较平坦，是层积云当中具有代表性的典型。我们会经常见到这位小朋友，请大家和它成为好朋友吧。

图42　成层状层积云

2014年12月21日摄于日本茨城县筑波山

2016 年 5 月 22 日摄于日本茨城县海域，二村千津子供图

●荚状层积云：Stratocumulus lenticularis（Sc len）

荚状层积云形如其名，是凸透镜或杏仁形状的斑状云，是有着清晰的轮廓、通常非常细长的层积云。在高于地平线 30 度以上的空中，单个荚状层积云的视角超过 5 度。云朵们聚集在一起，形成了光滑的、局部发暗的云。荚状层积云有时候会产生虹彩云。这位云朵小朋友不常现身，当下层大气有波动的时候才出现（图 43）。荚状层积云和后面将要介绍的滚卷状层积云看上去有些相似，但是滚卷状层积云是单独出现的，荚状层积云则经常成群出现。如果你看到了荚状层积云，一定要抓拍照片哦。

●堡状层积云：Stratocumulus castellanus（Sc cas）

　　堡状层积云是在垂直方向上有堡状结构向外延伸出去的层积云（图44）。这位云朵小朋友成长起来之后，可能会形成层积云性浓积云和层积云性积雨云，是一个蓬松大团的健康的孩子。

图 44　堡状层积云

2015 年 8 月 6 日摄于日本茨城县筑波市

图45 絮状层积云

2013年4月25日摄于日本东京都，池田圭一供图

● 絮状层积云：Stratocumulus floccus（Sc flo）

　　絮状层积云是有小块絮状结构的层积云（图45）。絮状云朵的下部往往是杂乱的，有时在极端低温环境下还会伴有冰晶所形成的幡状云。这位云朵小朋友由堡状层积云衰退而来，和其他絮状云一样，表明了大气处于不稳定的状态。

图 46 滚卷状层积云

2015年4月9日从日本茨城县筑波市向西方拍摄的全景照片

●滚卷状层积云：Stratocumulus volutus（Sc vol）

滚卷状层积云是在水平方向上延伸的、像管子一样的层积云，会绕着水平轴滚动（图46）。滚卷状层积云有时会单独出现，当下面的云排成列时可以被观测到。这位云朵小朋友也被认为是不轻易露面的，但是在一些被海洋、山脉包围的平原地区容易产生局地锋（第4册第4章），有时在局地锋上会出现滚卷状层积云。

★透光层积云：Stratocumulus translucidus（Sc tr）

透光层积云是呈斑状、薄片状、层状扩展开的并不浓密的层积云（图47）。这种云中的大部分区域都比较通透，可以看清太阳和月亮的位置，可以看到部分蓝色天空，能分辨出云朵间相连的地方。

图 47 透光层积云

2014 年 12 月 25 日摄于日本茨城县筑波市

★漏光层积云：Stratocumulus perlucidus（Sc pe）

漏光层积云也是斑状、薄片状、层状扩展开的层积云，不过它的各云朵间有足够的空隙，可以从中看到太阳、月亮、蓝天和中高云族的云（图48）。它们出现时，我会想要钻进云朵的空隙去看一看。

图48　漏光层积云

2015 年 12 月 27 日摄于日本茨城县筑波市

★蔽光层积云：Stratocumulus opacus（Sc op）

蔽光层积云是又大又暗的、滚动的圆团状的云朵大致连续地以薄片状、层状扩展开的浓密的层积云（图49）。云中的大部分区域都不透明，足以遮蔽住太阳和月亮的光芒。这位小朋友的单个云朵云底平坦，可以看到云朵间相连接的样子。

图49　蔽光层积云

2015年3月8日摄于日本茨城县筑波市

★复层积云：Stratocumulus duplicatus（Sc du）

复层积云是两层以上的斑状、薄片状、层状层积云在水平方向产生大面积的重叠所形成的云（图50）。它会伴随着成层状层积云、荚状层积云出现。

图 50　复层积云

2017 年 8 月 2 日摄于日本茨城县筑波市

★波状层积云：Stratocumulus undulatus（Sc un）

波状层积云是由非常大的灰色云朵几乎平行排列而成的层积云（图51）。当上下两层大气的波动方向互相垂直时，有时能看到复波状层积云。它经常出现在成层状层积云中，是一个需要留意其波动成因的云朵小朋友。

图51　波状层积云

2013年9月22日摄于日本茨城县大洗街

图 52 辐辏状层积云

2017 年 9 月 14 日摄于日本茨城县筑波市

★ 辐辏状层积云：Stratocumulus radiatus（Sc ra）

辐辏状层积云是延伸很广的、几乎平行排列的带状层积云，因为透视效应，看上去好像汇聚于地平线上的一点（图 52）。它在形态上和后面要讲的辐辏状积云有些相似，但是辐辏状积云的单个云朵是独立的，而辐辏状层积云的云朵们则是连接在一起的，这样就可以分清这两种云了。辐辏状层积云小朋友也会出现在成层状层积云中。

71

★网状层积云：Stratocumulus lacunosus（Sc la）

网状层积云是薄片状、层状或者斑状的层积云，其上有规则的圆形孔洞，这种云长得像网或蜂巢（图53）。因为单个云朵的视角是5度以上，所以如果不整个天空都看一遍，就很难用肉眼确认这种蜂巢一样的巨大的云。通过卫星观测发现，海洋上空的网状层积云会扩展成开放单体（第4册第2章）。这位云朵小朋友会在其他层积云消散的时候出现，是一种随时间变化而变化很大的云。因为它们的外貌会迅速地变化，所以如果看到了像是网状层积云的云朵小朋友，就速速拍照吧。

图53　网状层积云

王燕平供图

层云：仿佛触手可及

层云（Stratus，St）是有着均匀云底的灰色层状云。它通常不会带来降水，即使有降水，也只是毛毛雨、小水滴或冰晶形成的很弱的降水。这位云朵小朋友在快速变化的时候会变成不规则的斑块状，伴随有破片云。透过这种云看太阳的时候，可以清楚地辨认出太阳的轮廓，有时还会发生大气光学现象（第3册第2章）。这位云朵小朋友几乎都是由性质相同的水滴构成的，有时在极端低温的环境下也会由冰晶构成，这种情况下可能会产生晕现象。

层云和地面相接的那部分被叫作雾，它们的云物理性质是一样的。因此，当雾的顶部上升，雾底部与地面相接触的部分中的云滴常常会蒸发掉，从而形成层云。层云经常和雾一同发生，在夜晚和早晨更为常见。如果层积云底部下降并失去清晰轮廓，也会转化形成层云。

这位云朵小朋友往往容易和层积云、雨层云相混淆，不过我们可以通过层积云清晰的云底轮廓来进行区分。此外，雨层云一般颜色更深，会伴有某种程度的降水，这样也是一个区分雨层云和层云的方法；然而也有更难区分的场合，这时可以根据风来分辨，如果地面附近的风较大，就是雨层云，如果风不大，就是层云。

层云分为 2 个云种和 3 个变种。

●薄幕层云：Stratus nebulosus（St neb）

薄幕层云，顾名思义就是薄幕状或雾状的、形态均匀的灰色层状云（图 54）。这是最为常见的层云，我真想飞去云中好好呼吸一下那里的空气。

图 54　薄幕层云

2017 年 8 月 18 日摄于日本长野县饭山市，中井专人供图

●碎层云：Stratus fractus（St fra）

　碎层云是有着杂乱不规则的断片或碎片形状的层云（图55）。这位云朵小朋友在雨层云、积雨云的云底下方和降水一同产生，并不断地改变着自己的外貌。看到它们，我就会心生一种世事无常的感慨。

图55　碎层云

2012 年 12 月 4 日摄于日本茨城县筑波市

★蔽光层云：Stratus opacus（St op）

蔽光层云是斑状、薄片状、层状的层云当中，能把太阳和月亮的光辉完全遮蔽掉的那种不透明的层云（图 56）。这位云朵小朋友是层云的几个变种中最流行的一种。

图 56　蔽光层云

2010 年 5 月 21 日摄于日本千叶县铫子市

★透光层云：Stratus translucidus（St tr）

透光层云也是斑状、薄片状和层状的层云，这种云中的大部分区域都有足够的透明度，可以看清楚太阳和月亮的轮廓（图 57）。这是一位能让人看到梦幻般景象的云朵小朋友。

图 57　透光层云

2016 年 5 月 18 日摄于日本茨城县筑波市

★波状层云：Stratus undulatus（St un）

波状层云也是一种斑状、薄片状和层状的层云，它有着波浪的一样的外形（图58）。它将自身所在的大气下层的波动可视化，据说是一位不常露面的云朵小朋友。

图58　波状层云

2016年6月7日摄于日本茨城县筑波市

积云：好想咬一口

积云（Cumulus，Cu）通常是浓密的、非纤维质感的、有着清晰轮廓的、蓬松大团的低云族云，它的单个云朵是互相独立的。积云像花椰菜一样向上生长，阳光照到的地方显现出明亮的白色，而它的云底则几乎是水平的，颜色也比较灰暗。

和这位云朵小朋友伴随的降水就像淋浴一样，被称为骤^{zhòu}雨。积云一般是蓬蓬松松的样子，云的上部有山丘状、圆顶状、堡状等形态，但是如果有强风吹过，云顶附近会形成杂乱细小的破片，有时云朵也会排成队列，形成云街。这位云朵小朋友由较低密度的水滴构成，随着气温的降低也会包含过冷却云滴。积云内的雨滴成长起来，也会伴有降水线迹云和幡状云。

通常，积云是在晴天环境下，由大气下层含有水蒸气的空气因对流而上升，超过凝结高度后独立形成的。因此，这位云朵小朋友的出现有很明显的日变化，下午的时候热对流强烈，积云既会在水平方向扩展增长，也会在竖直方向上增长。它们因为蓬松的外观有时被叫作棉花云，尤其是晴天出现的积云小朋友很受大家欢迎，被称为晴天积云。

单个积云能够长高到什么程度，取决于从云底向上的稳定层和逆温层，它们的位置决定了平衡高度（云顶高度）。有时候层云和层积云因为对流增强而转化成积云，有时候高积云和层积云也会衍生出积云。积云发展到最繁盛的时候，就成了积雨云，而在此之前的那个阶段叫作浓积云。

积云小朋友的外貌与高积云和层积云有些像，不过积云的单个云朵看起来要比高积云更大一些，积云的云朵之间也不像层积云那样相连，而是互相独立的，这样我们就能分清楚它们了。积云小朋友的特点是强烈的对流和上升气流，因此它们有时候会冲到上方的层状云中，部分云朵会融合到一起。

积云有4个云种和1个变种。

●淡积云：Cumulus humilis（Cu hum）

淡积云是竖直方向上延伸较小，看起来比较平坦的积云（图59）。这是因为淡积云小朋友的上方存在着稳定层，所以没法再向上生长了。淡积云小朋友不会带来降水，是一个温和又可爱的孩子。

图 59　淡积云

2016 年 7 月 30 日摄于日本茨城县筑波市

图 60　中积云

2017 年 7 月 1 日摄于日本冲绳县八重山郡竹富街，穗川果音供图

●中积云：Cumulus mediocris（Cu med）

中积云是竖直方向上有中等程度发展的积云，有点像是人抬起头、植物发了芽（图 60）。这位云朵小朋友一般不会导致降水。它的蓬松外观让人很享受，像棉花糖一样诱人，我都想要吃掉它了。

●浓积云：Cumulus congestus（Cu con）

浓积云是蓬松大团的、向高空升起的积云，它有着清晰的轮廓

（图 61），它的云顶附近有着花椰菜一样的形状。浓积云是一种可以降下急剧雨雪的云，在热带地区有时也能带来大量降水。浓积云还有一个特征是不伴随雷电和冰雹。

浓积云小朋友云顶附近的云有时因为高空风的吹拂，而从云的主体分离，形成幡状云。浓积云几乎都是由中积云发展而来的，然而有些时候堡状高积云和堡状层积云也会产生浓积云。

图 61　浓积云

2017 年 5 月 18 日摄于日本
茨城县筑波市

图62 碎积云

2016年8月16日摄于日本茨城县筑波市

● 碎积云：Cumulus fractus（Cu fra）

碎积云是外形杂乱的、断片状或破碎状的小朵积云（图62）。碎积云和碎层云一样，是个不断变换外貌的孩子，比较珍贵。

★ 辐辏状积云：Cumulus radiatus（Cu ra）

辐辏状积云是由中积云沿着与下层风向几乎平行的方向排列而

图 63　辐辏状积云

2017 年 9 月 11 日摄于日本冲绳县那霸市

成的积云，也被叫作云街（图 63）。因为透视效果的原因，它看上去是辐射状的，辐辏状积云看起来汇聚于地平线上的某一点。辐辏状积云是个长得漂亮、非常上相的小朋友。

积雨云：暴风雨的使者

　　积雨云（Cumulonimbus，Cb）是顶部能发展到高云族高度的、浓密厚重的云，它的形状像山峰、巨大城堡一样。积雨云的云顶至少一部分是光滑的，呈羽毛状或线状，云顶大致平铺扩展。因为云顶平坦的部分像是锻造用的铁砧，所以又称为铁砧云、砧（zhēn）状云（Incus），是一种附属云。积雨云的云底非常暗，经常出现幡状云、降水线迹云、破片云。

　　积雨云既能带来急剧的降水，也伴随有雷电，所以也叫作雷雨云，是典型的能带来暴风雨的云（第4册第3章）。在积雨云中，水滴和大量的过冷却云滴、冰晶混合在一起，云的上部几乎都是高密度的冰晶。因为冰晶的下落速度较小，当高空风吹过云的上部，就形成了羽毛一样的形态（图64）。在积雨云中，雪片、霰、雹也能成长。积雨云通常由浓积云发展而来，但有时也会由堡状层积云和堡状高积云经过浓积云发展而来，由堡状高积云发展成的积雨云的云底高度会比较高。

图 64　积雨云上部变成羽毛状的样子

2013 年 8 月 20 日摄于日本茨城县筑波市

89

积雨云产生于大气状态不稳定的时候，通常容易在下午出现，因为此时地面气温上升，不稳定性变得明显。此外，这种云在低层水蒸气较多的低纬度地区更容易产生，而在高纬度地区难以出现。积雨云通常会延伸发展到对流层顶，它可以由多种类型的云衍生而来。积雨云可能导致龙卷风，有时也会伴随有管状云。

积雨云有 2 个云种。

●秃积雨云：Cumulonimbus calvus（Cb cal）

秃积雨云是云顶突出部分比较平坦，没有纤维状、羽毛状特征的白色块状积雨云（图 65）。虽说没有像卷云那样的光滑特征，但是云内的水滴也在迅速地冻结成冰晶。

光看外表的话，很难将秃积雨云和浓积云区分开。因此，通常将伴随雷电和冰雹的积雨云划分成秃积雨云，而没有雷电和冰雹的积雨云就划分为浓积云。如果遇到了相似的云，请仔细看、认真听，通过有没有雷声和闪电来确定它的种类吧。

● 鬃^{zōng}积雨云：Cumulonimbus capillatus（Cb cap）

鬃积雨云是上部有明显的纤维状、羽毛状结构的积雨云，它伴随有砧状云和柱状、鬃毛状的块状延伸的云（图 66）。它是典型的可以带来暴风雨的云，云底伴有清晰的幡状云和降水线迹云。

图 65　秃积雨云

2017 年 6 月 16 日摄于日本茨城县筑波市

图 66　鬃积雨云

2012 年 8 月 21 日摄于日本富士山

3

认识特殊云：
特殊原因产生的云

云的副变种

在十云属、云种和变种之外，还有云的附属特征（Supplementary features）和附属云（Accessory clouds）这两种云的分类（表3）。附属特征和附属云统称为云的副变种。

云的附属特征包括 砧(zhēn) 状云、悬球云、幡(fān)状云、云洞、波涛云、糙(cāo)面云、降水线迹云、弧状云、墙云、管状云、尾云共 11 种。附属云包括幞(fú)状云、缟(gǎo)状云、破片云、海狸尾 4 种。

砧状云、悬球云、幡状云将在第 4 册进行详细介绍。

 阅读表 3，先弄清这两点！

① 表头的字母是什么意思？

它们代表十云属的拉丁名缩写。Ci 是卷云，Cc 是卷积云，Cs 是卷层云，Ac 是高积云，As 是高层云，Ns 是雨层云，Sc 是层积云，St 是层云，Cu 是积云，Cb 是积雨云。翻到第 3 页，你能看到更多的相关信息。

② 如何理解表中的圆点？

它们代表每个云属都有哪些副变种或特殊云。你可以简单理解为圆点即"有"的意思。例如，第一行的圆点，代表着 Cb（积雨云）有砧状云这个副变种；最后一行的圆点，代表着 St（层云）有森林云这种特殊云。

表 3　云的副变种和特殊云一览表及其与十云属的对应关系

种类		名称	Ci	Cc	Cs	Ac	As	Ns	Sc	St	Cu	Cb
副变种	附属特征	砧状云 Incus(inc)										●
		悬球云 Mamma(mam)	●	●		●	●		●			●
		幡状云 Virga(vir)		●		●	●		●		●	●
		云洞 Cavum(cav)		●		●			●			
		波涛云 Fluctus(flu)	●			●			●	●	●	
		糙面云 Asperitas(asp)				●			●			
		降水线迹云 Praecipitatio(pra)					●	●	●	●	●	●
		弧状云 Arcus(arc)									●	●
		墙云 Murus(mur)										●
		管状云 Tuba(tub)									●	●
		尾云 Cauda(cau)										●
	附属云	幞状云 Pileus(pil)									●	●
		缟状云 Velum(vel)									●	●
		破片云 Pannus(pan)					●	●				
		海狸尾 Flumen(flm)										●
特殊云		火成云 Flamma									●	●
		人为云 Homo	●							●	●	●
		瀑成云 Cataracta								●	●	
		森林云 Silva								●		

出自世界气象组织 2017 年版《国际云图》

95

由火焰产生的火成云

在各种各样的云当中，也有一些是由于特定的自然和人为原因而产生的**特殊云**（表3）。其中之一就是**火成云**（Flamma）。

火成云是在森林火灾、火山喷发等天然热源附近区域发展出来的云。火成云至少有一部分是由水滴组成的，可衍生形成中积云、浓积云、积雨云。

2014年9月27日，日本御岳山火山喷发的时候，在扩展的低云族层积云之中，火山上空升起了火成云衍生的浓积云（图67）。火山爆发和森林大火显然是危险的，现在我们可以用卫星观测来确认火成云（第5册第1章），因此要是你想见识一下这种云，借助网络或书籍看看就好了。

图67　火山喷发后形成的火成云

2014 年 9 月 27 日，盐田美奈子供图

人类活动产生的人为云

　　有时候，人类活动也可以产生云，其中的一个代表就是航迹云。根据高空水蒸气含量的不同，航迹云可能长时间存在，并衍生或者转化成为卷云（第4册第2章）。本书将这种由明确的人类活动引起的云称为**人为云**（Homo）。

　　人为云也包括由发电厂、工厂等的热废气发展出来的积云状的云。像图68中所示的中积云称为人为中积云，有时也将烟（Fumu）和积云两个词结合在一起，称为**烟积云**（Fumulus）。

　　如果从卫星上遥望云层，有时能看到海上有像直线、锯齿线那样延伸的低云族（图69）。这就是跟船只航行轨迹相对应的、被称为**船迹云**的云，这种云是由船只排出的废气充当云凝结核所产生的。

　　人类活动对于我们人类的生存是不可或缺的，但是对于地球环境的影响却令人担忧。联合国政府间气候变化专门委员会在其第5次评估报

图 68　由烟囱冒出的烟形成的人为云

2017 年 6 月 27 日摄于日本新潟
市，藤野丈志供图

☁ 图 69　2003 年 1 月 27 日欧洲沿海的低云族云

美国国家航空航天局 Aqua 卫星拍摄的可见光图像，图像来自 NASA EOSDIS Worldview 网站

告中，对全球变暖的科学证据进行了总结。根据该报告，从 1880 年到 2012 年全球平均温度升高了 0.85 摄氏度，毫无疑问全球变暖正在发生。而且我们已经知道，全球变暖极有可能（95% 以上）是人为源的温室效应气体排放导致的。人为源的温室效应气体主要是二氧化碳和甲烷，除此之外，也列举了人为源气溶胶颗粒作为一种因素，直接和间接地影响了全球变暖。

为了采取措施应对全球变暖，必须掌握准确的科学因素，但是人为气溶胶颗粒的影响目前还有很大的不确定性。特别是人为气溶胶颗粒对云的影响，目前认为气溶胶颗粒有抑制全球变暖的作用，但对其影响程度的计算还有较大的误差，所以有必要对气溶胶颗粒对于云形成的影响和通过云对全球变暖的贡献进行验证。

人类活动会影响到大气现象，通过气溶胶颗粒和云带来降水甚至灾害。我们了解到这样的科学事实之后，在积极地思考全球环境问题的同时，也要采取行动，尤其是要做好充分的准备，来应对气象灾害。

在瀑布出现的瀑成云

　　说起瀑布，你知道吗？那里其实是个看彩虹的好地方。壮观的瀑布让人心情舒畅，当你看到挂在瀑布上方的彩虹时，会觉得心情更加愉快。实际上，瀑布的亮点还不只这些呢。

　　瀑布上有时会出现名为瀑成云（Cataracta）的云朵。这位云朵小朋友是瀑布落下的水变成雾状飞起，在局部范围内产生的云。在大瀑布中，由于下落的水的拖拽产生了下降气流，作为对它的补偿（补偿流）会产生局部的上升气流。于是，伴随这种上升气流就会产生积云和层云。研究认为，在大瀑布环绕的地方，下落水流造成的下降气流之间会互相碰撞，最后导致上升气流的增强（图70）。瀑布、彩虹和瀑成云同台献艺，这真是精彩的一幕。

　　在很多知名瀑布景点能看到瀑成云，如果你有机会去瀑布游览，试着找一找瀑成云吧，可以享受瀑布和云带来的双重乐趣。

图 70 　瀑成云

2015 年 7 月 22 日摄于南美洲伊瓜苏大瀑布，关根久子供图

在森林出现的森林云

观察森林，你可能会遇到像蒸汽一样的云（图71）。这种在森林上空产生的云叫作森林云（Silva）。

森林地区有着和海洋、沙漠等地区不同的气候。海洋上没有障碍物，风很容易刮起来，但在森林里，由于树木的存在，风很难吹起来。此外，保暖和冷却的难易程度也是不同的。因此，在拥有大片森林和建筑物的城市地区，地面附近的空气会形成一种特殊的层，被称为冠层。冠层这个词有冠盖的含义，因为它就像盖子一样覆盖着森林和城市。森林冠层中，雨水很容易附着在树木的叶子和茎上，并在雨后蒸发掉；光合作用时，水分也会从树叶张开的气孔中蒸发出来。在森林冠层中，这种由于水蒸气含量增加发生云成核而产生的层云就是森林云。

尤其在林木茂盛的山区，你可以看到由于地形影响而产生的明显不同的层云（第4册第1章）。森林云是温和可爱的小朋友，你一定会爱上它。

图 71 森林云

2013 年 8 月 6 日摄于日本东京都奥多摩街

4

认识高层云：
高层大气中神秘的云

虹彩色的贝母云

　　在各种各样的云当中，有的云也可以在对流层之上的高层大气中产生，**贝母云**就是其中之一（图72）。

　　贝母云是在冬季的高纬地区和极区上空 20—30 千米的平流层中产生的云。它的颜色很像养殖珍珠用的珍珠母贝贝壳内侧闪亮的虹彩色，因而得名，在学术上则叫作**极地平流层云**。贝母云的虹彩色在太阳刚落下时最为鲜艳，比起发生在对流层中的虹彩云（第 3

图72　贝母云

2017 年 1 月 17 日摄于南极昭和基地，藤原宏章供图册第 2 章），贝母云呈现出更为壮观的虹彩色。直到日落后两小时左右，我们都可以看到贝母云受到太阳光照射后闪耀的光辉。

冬季的极区即使是中午也照不到太阳光，这就是**极夜**。此时极区上空的平流层会形成**极涡**（**极夜涡**），进而从周围的平流层大气中独立出来。于是，极涡内部由于辐射冷却而变得温度很低，在零下 78 摄氏度以下的环境中产生了贝母云。

制造这个云朵小朋友的云质粒，据说是非球形的硝酸盐水合物和球形的、过冷却的三种液滴（硫酸、硝酸和水）以及由水形成的冰晶。这其中的球形颗粒尤其会衍射太阳光，产生虹彩色。贝母云由于平流层大气中传播的波动（这里指的是**大气重力波**，它和相对论中的引力波是两个不同的概念）而成为荚状，并且云滴的粒径整齐划一，所以产生了大范围的虹彩色。研究表明，伴随着火山喷发进入平流层的硫酸盐粒子对于云质粒的成核非常重要。

有着美丽外表的贝母云，却和臭氧层的破坏有关联。来自地面的氟利昂（一种常见的制冷剂）在平流层被紫外线照射分解出氯原子，并立即形成氯化氢和硝酸氯，漂浮于平流层之中。氯化氢和硝酸氯不会破坏臭氧层，但是当贝母云出现的时候，云质粒的表面会产生氯气。氯气在极地平流层中积累一冬天，当春天的阳光照到极区时，被紫外线照射的氯气会产生破坏臭氧层的氯原子。因此，贝母云成了南极臭氧空洞问题的研究对象。

夜空中闪耀的夜光云

　　在地球上，有一种云形成于最高的天空中，它就是**夜光云**。夜光云产生于中间层顶附近，可以在高纬地区夏季日出前或者日落后观测到。它看起来有点像卷云，有纱状、带状、波状、环状等形态，是一种闪耀着银色或蓝色光芒的美丽云彩。它因为在夜空中闪耀而被称为夜光云，也叫作**极地中间层云**。

　　在高纬度地区的夏季高空，中间层顶附近的大气温度会变得非

常低。那里的气温可以降到零下 120 摄氏度以下，夜光云就是在这样极端低温的、75—85 千米高度的高层大气中产生的。构成夜光云的云质粒是由水形成的冰晶，研究认为流星等带来的宇宙矿物和尘埃、氢离子和水分子结合而成的大量水合氢离子参与了冰晶成核过程。

夜光云一般出现在纬度 50—65 度的地区，但是日本在 2015 年 6 月 21 日于国内首次观测到了夜光云（图 73），观测地点是北海道（纬度 43—45 度），观测时间是凌晨 2 点多，云的高度大概是 84 千米。在纬度低于 45 度的地区观测到夜光云是极为罕见的，有人指出这可能与全球变暖有关，对流层温度升高、中间层温度降低导致纬度较低的地区也会出现夜光云。

图 73　夜光云　2015 年 6 月 21 日凌晨 2 点 15 分摄于日本北海道纹别市，藤吉康志供图

与宇宙有关的火箭云

夜光云是高纬地区特有的云，中低纬地区的人们想要看这种云需要付出很多努力。然而，其实在中国、日本等中低纬度地区，你也可以看到某种夜光云，那就是火箭云。

2017 年 1 月 24 日太阳落山后，在日本靠太平洋一侧的广大地区，人们看到了夜光云（图 74）。原来，当天下午 4 点 44 分在日

本种子岛宇宙中心发射了一枚 H-IIA 型运载火箭，由火箭喷出的物质作为凝结核形成了人工制造的夜光云。之前在类似的时间段，以类似的轨迹发射火箭时，也观测到了夜光云。

要想看到火箭云，以下几点很重要。因为太阳刚落山时更容易看到夜光云，所以火箭发射的时间最好是傍晚，对流层内没有别的云遮挡，而且要找一个容易看到火箭上升路径的观测地点。因为大街上的灯光很亮，让人难以看清夜空，所以到海边等灯光稀少的地方等待，会更容易看到火箭云。

近年来，智能手机的普及带来了一个新时代。大家可以很轻松地用智能手机等拍摄大气现象的照片，然后在社交网络上分享。火箭云是高层大气现象，目前观测手段还不多，如果追踪火箭云形态的时间演化，可能有助于了解中间层中的大气重力波等物理现象。

如果大家看到了罕见的云，记得拍摄下来并好好珍藏。

温馨小提示
请勿拍摄和传播涉及国家秘密的照片。

图 74　H-IIA 火箭产生的夜光云

2017 年 1 月 24 日摄于日本茨城县筑波市，岩渊志学供图

113

著作权合同登记号：图字：01-2023-3890

图书在版编目（CIP）数据

超有趣的云科学．②，这是什么云／（日）荒木健太郎著；宋乔，杨秀艳译．— 北京：中国纺织出版社有限公司，2023.10

ISBN 978-7-5229-0977-6

Ⅰ．①超… Ⅱ．①荒… ②宋… ③杨… Ⅲ．①云—儿童读物 Ⅳ．①P426.5-49

中国国家版本馆 CIP 数据核字（2023）第 167814 号

责任编辑：史倩 林双双 责任校对：高涵 责任印制：储志伟

中国纺织出版社有限公司出版发行

地址：北京市朝阳区百子湾东里 A407 号楼 邮政编码：100124

销售电话：010—67004422 传真：010—87155801

http://www.c-textilep.com

中国纺织出版社天猫旗舰店

官方微博 http://weibo.com/2119887771

北京利丰雅高长城印刷有限公司印刷 各地新华书店经销

2023 年 10 月第 1 版第 1 次印刷

开本：710×1000 1/16 印张：36.5

字数：242 千字 定价：188.00 元（全 5 册）